Kerstin Möller

ANT ARKTIS

Eiswelt-Perspektiven

РОСАТОМФЛОТ

Kerstin Möller

ARKTIS
ANT

Eiswelt-Perspektiven

Böhland & Schremmer Verlag

Meinen Eltern und Bärbel

Vorwort

Die Fotografien des vorliegenden Bildbandes *AntArktis. Eiswelt-Perspektiven* entstanden in den Jahren 2008 – 2017 auf insgesamt zehn Reisen in verschiedenste antarktische und arktische Regionen. Sie führten mich in der Arktis von Alaska über die europäischen Teile der nördlichen Polarregion (Grönland, Island, Spitzbergen/Norwegen, Schwedisch-Lappland) und Franz-Josef-Land bis zum Nordpol, in der Antarktis von den Falklandinseln über Südgeorgien bis zum Antarktischen Festlandssockel. Ebenso fasziniert von den unglaublichen Panoramen und der landschaftlichen Erhabenheit dieser eisigen Landstriche wie von der dortigen außergewöhnlichen und weithin ungestörten Tierwelt, hatte auch mich nach den ersten Berührungen mit diesen Eiswelten der ‚Polarvirus' infiziert. Seitdem ergriff ich jede Gelegenheit, wenn sich die Möglichkeit zu einer weiteren Reise in eine mir noch unbekannte arktische oder antarktische Region bot.
Den Fotografien, die den einzelnen Gebieten zugeordnet sind, habe ich kleine Texte beigegeben, die persönliche Eindrücke und Erlebnisse schildern, aber auch Informationen zu den unterschiedlichen Regionen mit ihrer Entdeckungs- und Erforschungsgeschichte bieten. Mein Ziel war es, die Groß- und Einzigartigkeit dieser Welten einzufangen, die wie kaum andere durch den Klimawandel betroffen und damit großen Veränderungen unterworfen sind.

Das südliche Polargebiet

Antarktis. Diese Bezeichnung für das Gebiet um den Südpol der Erde ist von griechisch *antarktikos* abgeleitet und bedeutet ‚gegenüber der Arktis'. Der antarktische Kontinent, Antarktika genannt, ist geprägt von Extremen und Superlativen: Hier befindet sich die größte zusammenhängende Eiskappe der Welt, hier wurde 1983 mit - 89,6 °C die tiefste Temperatur seit Aufzeichnung der Wetterverhältnisse gemessen, hier ist es so stürmisch wie nirgends sonst, und nirgendwo ist es einsamer und weniger besiedelt als hier.

Umgeben von drei Ozeanen, dem Süd-Pazifik, dem Süd-Atlantik und dem südlichen Indischen Ozean, erstreckt sich der antarktische Kontinent einschließlich der Schelfeistafeln, die die Landmasse umgeben, über eine Fläche von ca. 13,5 Millionen km², wobei die Schelfeisausdehnung jahreszeitlich differiert. Zum Vergleich: Deutschland hat eine Fläche von 357.026 km². Der größte Teil des Antarktischen Festlandes liegt im südlichen Polarkreis, also im Gebiet von 66°33' bis 90° südlicher Breite. Einige Teile des Kontinents wie die Antarktische Halbinsel und die dem Festland vorgelagerten Inselgruppen erstrecken sich bis zum 61. Breitengrad. Die zum Kontinent gehörige subantarktische Zone befindet sich zwischen Polarkreis und 50° südlicher Breite.

Der größte Teil der Antarktis ist ganzjährig von Eis bedeckt, dessen Dicke im Mittel ca. 2.000 m misst, aber auch bis zu 4.000 m stark werden kann. Am Rand dieser riesigen Eismassen ragen hohe Gebirge auf, deren höchste Erhebung mit 5.140 m der Mount Vinson ist. Die vorgelagerten Inseln der subantarktischen Zone sowie Teile der Antarktischen Halbinsel sind in den Sommermonaten teilweise eisfrei. Neben ungeheuren Eismassen findet man auch aktive Vulkane in der Antarktis. Der bekannteste unter ihnen ist der Mount Erebus (3.794 m) auf dem Antarktischen Festland. Die bekannteste Insel mit vulkanischer Aktivität ist Deception Island, die ‚Täuschungsinsel', die zu den der Antarktischen Halbinsel vorgelagerten Süd-Shetland-Inseln gehört. Fumarolen erhitzen dort das Wasser in der Whaler's Bay bei Ebbe auf über 20°C, was selbst ein Bad an dieser Stelle angenehm macht. Ihren Namen verdankt die Bucht der norwegischen *Hector Whaling Company*, die zu Zeiten des Walfangs dort die südlichste Trankocherei der Welt betrieb. 1969 zerstörte der bislang letzte Vulkanausbruch auf Deception Island die britische Forschungsstation *Base B*, die nach dem Ende der Walfängerei an die Stelle der Trankocherei getreten war. Zu besichtigen sind heute immer noch Relikte aus Walfangzeiten ebenso wie der Hangar der britischen Forschungsstation, von der die Flüge der British Antarctic Survey (BAS) starteten. Hier wie auch andernorts, etwa in Südgeorgien, erobert sich die Natur die Hinterlassenschaften menschlicher Aktivitäten zurück.

Mit der Entdeckung und Erforschung der Antarktis sind viele Namen verbunden. Forscher, Offiziere – im Namen ihrer Herrscher auf Eroberung und wirtschaftliche Nutzbarmachung des Kontinents aus –, aber auch ‚einfache' Menschen, allen voran die Walfänger, haben ihre Spuren hinterlassen. Umfangreich ist die Literatur, die die Entdeckungsgeschichte des weißen Kontinents beschreibt. Für mich waren unter den Expeditionen einige besonders interessant.

1823 erreichte James Weddell als Erster das nach ihm benannte Weddellmeer und stieß bis zu 74°15' südlicher Breite vor. 1839 machte sich James Clark Ross mit seinen Schiffen *HMS Erebus* und *HMS Terror* auf die Suche nach dem antarktischen Magnetpol und entdeckte dabei das Rossmeer, das er kartierte. Von 1901 bis 1903 war eine deutsche Expedition unter Erich von Drygalski mit dem Forschungsschiff *Gauß* (deshalb auch *Gauß*-Expedition genannt) in der Südpolarregion unterwegs und entdeckte das Gebiet des Kaiser-Wilhelm-II.-Landes.

Eine der schillerndsten, zugleich aber auch tragischsten Personen, die mit der Erforschung der Antarktis verbunden ist, ist Sir Ernest Henry Shackleton. Dreimal bereiste er den antarktischen Kontinent. Seine erste Reise machte er unter Leitung von Sir Robert Falcon Scott, einem anderen berühmten Polarforscher. Nachdem diese Reise im Erreichen des Südpols erfolglos geblieben war, versuchte Shackleton im Rahmen der von ihm selbst geleiteten *Nimrod*-Expedition in den Jahren 1907 bis 1909 als erster Mensch zum Südpol zu gelangen. Dieses Mal scheiterte er ca. 180 km vor dem Ziel, wobei ‚scheitern' eigentlich der falsche Begriff ist. Die Tatsache, dass der Proviant für den restlichen Hin- und den Rückweg nicht mehr für alle Expeditionsmitglieder ausgereicht hätte, bewog ihn, kurz vor dem ersehnten Erfolg mit seiner Mannschaft umzukehren. Mit Sicherheit eine große Entscheidung für einen zielorientierten Menschen. Die Einstellung, dass das Leben seiner Expeditionsmitglieder absolute Priorität habe, leitete auch Shackletons Verhalten während seiner dritten Antarktisreise, deren Ziel jedoch nicht mehr das Erreichen des geografischen Südpols war. Denn inzwischen hatte bereits ein anderer als erster Mensch den Südpol erreicht. Roald Amundsen hatte sich 1911 mit Scott einen Wettlauf zum südlichsten Punkt der Erde geliefert. Während Amundsen am 14.12.1911 jubilierte, kam Scott zu spät und verlor überdies auf dieser Expedition sein Leben. Deshalb suchte sich Shackleton ein neues Ziel, bei dem er Erster sein konnte. Er plante die Durchquerung der Antarktis zu Fuß. Seine *Endurance*-Expedition war jedoch von Beginn an zum Scheitern verurteilt. Nachdem sein Schiff, die *Endurance*, im Weddellmeer vom Packeis eingeschlossen und zerdrückt worden war, ging es für Shackleton und seine Mannschaft nur noch ums nackte Überleben. Nach einem zermürbenden Weg über die Eismassen der Antarktis konnten die Männer mit Hilfe der von ihnen geretteten Beiboote nach Elephant Island übersetzen. Dort saßen die Expeditionsmitglieder jedoch fest. Mit zwei Leuten unternahm Shackelton den Versuch, Hilfe zu holen, um die restliche Mannschaft zu retten. Shackelton und seine Begleiter wagten in einem der drei Beiboote, der *James Caird*, die Fahrt nordwärts über das offene Meer. Sie hofften, mit dem von Shackeltons Mannschaft durch Umbau notdürftig optimierten, ursprünglich offenen hölzernen Zweimaster eine der Walfangstationen an der Ostküste Südgeorgiens zu erreichen. Unglaublicherweise landeten sie tatsächlich an der südgeorgischen Küste, allerdings auf der falschen Inselseite, so dass die ohnehin entkräfteten Männer noch einen anderthalbtägigen Gewaltmarsch über schnee- und eisbedeckte Berge hinter sich bringen mussten, bevor sie in der Walfangstation Stromness eintrafen. Um es kurz zu machen: die gesamte Mannschaft der *Endurance* wurde gerettet. Eine Meisterleistung, auch wenn das Ziel der Reise nicht erreicht wurde. Auf seiner letzten Expedition 1921/1922 (*Quest*-Expedition) erlitt Shackleton einen Herzinfarkt und starb im südgeorgischen Grytviken, auf dessen kleinem Friedhof er begraben wurde. Frank Wild, Freund und Begleiter auf all seinen Expeditionen, wurde später neben ihm beigesetzt. Auf Shackletons Grab liegt ein Stück Holz, auf dem steht *The Boss*. Ein Gruß von Nachfahren seiner Mannschaft, wie man erzählt.

Auch heute gibt es immer wieder Menschen, die versuchen, Pionierleistungen auf dem Gebiet der Antarktis zu vollbringen und dabei bis an ihre äußersten Kräfte zu gehen. 2011 durchquerte die Engländerin Felicity Aston als erste Frau die Antarktis. Als erster Mensch überhaupt tat sie dies ganz allein und ausschließlich mittels eigener Muskelkraft auf Skiern. Sie legte in 59 Tagen 1.744 km zurück. Bei einer persönlichen Begegnung mit ihr beeindruckte mich vor allem die Offenheit, mit der sie über ihre physischen und vor allem auch psychischen Grenzerfahrungen sprach, die sie auf dieser Reise gemacht hatte und die sie sich im Vorhinein nicht hätte vorstellen können.

Die Teile der Antarktis, die für Reisende am leichtesten zugänglich sind, befinden sich einerseits im Bereich der Antarktischen Halbinsel und der ihr vorgelagerten Inselgruppen, zu denen die Süd-Orkney- und die Süd-Shetland-Inseln zählen, andererseits im Bereich der subantarktischen Zone, zu der etwa die Falklandinseln und Südgeorgien gehören. Südamerika ist für Schiffsreisen in die Antarktis der häufigste Ausgangspunkt. Entweder startet man von Ushuaia in Feuerland (Argentinien) oder in Punta Arenas (Chile), wobei Feuerland schon allein wegen seiner Kargheit eine Reise wert ist. Heute kann man zur Antarktischen Halbinsel zwar auch fliegen, aber die mit Sicherheit interessantere Reiseroute dorthin ist der klassische Seeweg über die Drakestraße. Sie ist die natürliche Verbindung des Süd-Atlantik mit dem Süd-Pazifik und Teil des Gebietes, durch das der antarktische Zirkumpolarstrom fließt. Berüchtigt ist die Drakestraße wegen ihres häufig schlechten Wetters mit strengen Winden und starkem Seegang. Je nach Wetterlage dauert ihre Durchquerung anderthalb bis zwei Tage, wobei sich gleich zu Beginn der Reise herausstellt, ob man seetauglich ist oder nicht. Ich selbst hatte bei meinen Reisen bislang Glück. Die Drakestraße zeigte sich jedes Mal von ihrer besten Seite. Trotzdem ist man nach einer zweitägigen Seefahrt glücklich, wenn die ersten Inseln am Horizont auftauchen: die Aitcho-Inseln, wenn man aus Ushuaia kommt, oder Elephant Island, wenn die Reise über die Falklandinseln und Südgeorgien führt.

Falklandinseln

Die Falklandinseln, auch Islas Malvinas genannt, liegen östlich der südamerikanischen Küste, gehören aber politisch zu Großbritannien. Beinahe baumlos, haben sie zum Teil erhebliche Ähnlichkeit mit der Landschaft Schottlands. Umso bizarrer wirkt es, wenn Magellan- oder Eselspinguine durch die dortige Tussockgraslandschaft stapfen.

Bemerkenswert ist das dortige Wetter. Kurze, heftige Regenschauer wechseln sich mit strahlend blauem Himmel ab, und immer weht ein rauer Wind.

Carcass Island
Blick auf Leopard Beach
Falklandinseln

Schwarzbrauenalbatrosse
New Island
Falklandinseln

Auf den Falklandinseln leben kleine Felsenpinguine, Rockhoppers genannt, die der Familie der Schopfpinguine angehören. Die größeren Goldschopfpinguine brüten eher in Südgeorgien. Typisch für alle Schopfpinguine ist ein gelber Gefiederstreifen oberhalb der Augen, der bis hinter die Augen reicht und schopfartig herausragt.

Pinguine gehören zu den Vögeln, sind aber flugunfähig. Neben ihnen sind jedoch auch etliche flugfähige Vogelarten in der Antarktis beheimatet, die sich den dortigen extremen Lebensbedingungen angepasst haben. Häufig begleiten Albatrosse die Schiffe auf ihrem Weg in die Südpolarregion. Auf den Falklandinseln finden sich große

Magellanpinguine
Carcass Island
Falklandinseln

Felsenpinguine
New Island
Falklandinseln

Kolonien von Schwarzbrauenalbatrossen, in Südgeorgien brüten Wanderalbatrosse. Mit einer Spannweite von bis zu 3,5 m sind sie die größten Vögel überhaupt. Albatrosse kommen vornehmlich in der südlichen Hemisphäre vor. Den Großteil ihres Lebens verbringen sie in den Lüften über dem Südpolarmeer. Das Federkleid der Jungtiere ist dunkel. Mit zunehmendem Alter werden die Federn jedoch immer heller, das Gefieder ausgewachsener Tiere ist schließlich weiß.

Falklandkarakara
Carcass Island
Falklandinseln

Austernfischer
New Island
Falklandinseln

Seite 18/19:
Buckelwale vor Südgeorgien

rechte Seite:
Magellangans
New Island
Falklandinseln

Buckelwale vor Südgeorgien

Fische sieht der Antarktisreisende in der Regel nicht. Dafür aber Wale, die größten Meeressäuger, und auch Delfine. Höchst eindrucksvoll ist es, wenn in Schiffsnähe Wale an der Wasseroberfläche auftauchen und man entweder den Blas, besser noch die Rückenflosse oder, was natürlich noch spektakulärer ist, die querstehende Schwanzflosse, die Fluke, sieht. Am häufigsten begegnet man Buckelwalen. Mit einer Länge von 12 bis 16 m und einem Gewicht von bis zu 48 Tonnen sind sie eine imposante Erscheinung. Mitunter kann man den noch viel größeren Finnwal, aber auch die deutlich kleineren Zwergwale und Orcas beobachten. Andere Walarten wie Blauwal, Pottwal oder Südkaper zeigen sich äußerst selten. 2015 hatte ich auf dem Weg von den Falklandinseln nach Südgeorgien eine besonders eindrückliche Begegnung mit Walen. Mitten auf dem unendlich scheinenden Atlantik – es herrschte kaum Wind, das Meer war ruhig – schaute ich zufällig aus dem Fenster und glaubte meinen Augen nicht zu trau-

en. Wohin ich auch sah, konnte ich den Blas von Walen sehen! Dann kam bestätigend eine Durchsage von der Brücke, in der auf das einmalige Schauspiel hingewiesen wurde. Ich eilte sofort an Deck. Der Kapitän ließ die Motoren drosseln, so dass wir in der nächsten Stunde die Gelegenheit hatten, diese beeindruckenden Tiere genau zu beobachten. Offenbar befand sich an dieser Stelle eine besonders planktonreiche Strömung. Zumindest wirkte es so, als hätten sich achtzig bis hundert Buckelwale zu einem großen Mahl verabredet. Überall konnte man ihre Leiber sehen. Sie schwammen allein, zu zweit oder zu dritt, manche sprangen aus dem Wasser oder tauchten unter unserem Schiff hindurch. Sie hatten keine Scheu und kamen ganz nah an die Bordwand heran. Einige hoben ihre großen Köpfe aus dem Wasser und schienen uns abschätzend anzublicken. Es war ein fantastisches Erlebnis. Selbst die Biologin an Bord war angesichts dieses einmaligen Ereignisses sprachlos.

Die Inselgruppe Südgeorgien mit ihrer gleichnamigen Hauptinsel liegt bei 54°19' südlicher Breite und 36°39' westlicher Länge. Politisch gehört sie zu Großbritannien, sie wird aber ebenso wie die Falklandinseln von Argentinien beansprucht. Die Inseln Südgeorgiens sind nur spärlich besiedelt. Ganzjährig hält sich dort nur eine Handvoll Menschen auf – britische Regierungsbeamte und Museumsangestellte –, im Sommer steigt die Zahl auf ca. 30 Personen an. Ansonsten sind die Inseln fest in der Hand ihrer tierischen Bewohner. Königspinguine haben hier eines ihrer wichtigsten Brutreviere - auf der Salisbury Plain brüten bis zu 250.000 Tiere. Auch andere Pinguinarten, Südliche Pelzrobben, See-Elefanten, Weddellrobben und Krabbenfresser sind hier zu Hause. Bis vor einigen Jahren gab es auch Rentiere. Sie waren in Südgeorgien nicht heimisch, sondern zu Beginn des 20. Jahrhunderts von norwegischen Walfängern zur Sicherung des Fleischbedarfes auf die Inseln gebracht worden. Innerhalb von 100 Jahren

Bay of Isles
Südgeorgien

SÜDGEORGIEN

wuchs ihre Population von ursprünglich 10 Exemplaren auf über 6000 Tiere an, die die Inselvegetation erheblich zerstörten. Das war der Anlass dafür, dass in den Jahren 2013/2014 die Inseln gezielt von Rentieren befreit wurden. Gleiches geschah mit eingeschleppten Ratten und Mäusen.

Südgeorgien wurde Ende des 19. Jahrhunderts zu einem wichtigen Zentrum der Walfängerei im Süd-Atlantik. Hier wurden Millionen von Walen, Robben und Pinguinen verarbeitet. Man trifft heute noch auf die Ruinen der verschiedenen Walfangstationen. Am bekanntesten ist Grytviken, das jetzt Freilichtmuseum ist. Stromness, Husvik, Prince Olav Harbour und Leigh sind für den Reisenden unzugänglich. Die Gerätschaften und Bottiche, die zur Verarbeitung der erlegten Tiere benutzt wurden, hinterlassen beim Besucher ein bedrückendes Gefühl. Glücklicherweise nehmen die Tiere unbeeindruckt von der Vergangenheit alles wieder in Beschlag.

Die Landschaft Südgeorgiens ist karg. In den Küstenregionen wächst vor allem Tussockgras, das sich hervorragend für Brutplätze von Pinguinen und anderen Seevögeln, aber auch für den Pelzrobbennachwuchs eignet. Das Landesinnere ist gebirgig und mit Ausnahme der kurzen Sommerzeit eisbedeckt. Der Mount Paget ist mit 2.934 m der höchste Berg.

Südgeorgien wurde durch den Walfang, aber auch durch die Antarktisexpeditionen bekannt. Vor allem durch die *Endurance*-Expedition Shackletons, der auf Südgeorgien Hilfe für seine auf Elephant Island festsitzende restliche Mannschaft holte und seinen Expeditionsmitgliedern so das Leben rettete.

Südliche Pelzrobben
Südgeorgien

Südliche Pelzrobbe
Jungtier neben Wirbelkörper eines Wales
Südgeorgien

Seite 26/27:
Königspinguin-Kolonie
Salisbury Plain
Südgeorgien

Königspinguin
Salisbury Plain
Südgeorgien

Königspinguin
Jungtier in Mauser
Salisbury Plain
Südgeorgien

Der im Vergleich zum kleinen Felsenpinguin deutlich größere Königspinguin, er misst zwischen 80 und 90 cm, brütet vornehmlich in Südgeorgien und auf den Falklandinseln. Nach dem Kaiserpinguin ist er der zweitgrößte Pinguin, den es gibt. Sein Vorderkopf, sein Rücken und seine Flügel sind schwarz, seine Brust und sein Hinterkopf gelblich-orange. Auch der untere Schnabelteil ist orangefarben. Junge Königspinguine tragen zunächst ein grau-braunes Daunenkleid und ähneln einem Kaffeewärmer. Erst nach der Mauser kommt das farbige Federkleid hervor.

Königspinguine
Salisbury Plain
Südgeorgien

Königspinguine
Salisbury Plain, Südgeorgien

Königspinguine, Salisbury Plain, Südgeorgien

Südlicher See-Elefant
Grytviken
Südgeorgien

Südliche See-Elefanten, Moltke-Hafen, Südgeorgien

Robben sind typische Säugetiere des südlichen Polargebietes, die ihre Nahrung im Wasser finden. Die Südliche Ohrenrobbe siedelt vor allem auf den Falklandinseln, der Südliche See-Elefant hauptsächlich in Südgeorgien. See-Elefanten gehören zur Familie der Hundsrobben und sind die größten Robben überhaupt. See-Elefantenbullen werden bis zu 6,5 m lang und wiegen bis zu 3.500 kg. Ihr weibliches Pendant ist deutlich kleiner. Ihren Namen haben sie wegen der rüsselartig vergrößerten Nase, die die Bullen auszeichnet. See-Elefanten sind sehr behäbige

Tiere. Kämpfende Bullen wirken durch ihre Masse jedoch wie streitende Titanen. Entgegen aller Erwartungen verletzen sich die Tiere bei diesen Kämpfen nicht so schwer wie zum Beispiel kämpfende Pelzrobben, denn ihr Gebiss besteht nur aus vier Eckzähnen. Dennoch stirbt jährlich eine nicht unerhebliche Zahl an See-Elefanten, weil während dieser Kämpfe und auch während der Kopulation immer wieder etliche Jungtiere von den mächtigen Bullen erdrückt werden.

junger *Südlicher See-Elefant*, Grytviken, Südgeorgien

Neben den Albatrossen sind auch die Riesensturmvögel (Fotos auf der folgenden Seite) typische Begleiter der Schiffe. Die grau-braun gefiederten Vögel, die immerhin eine Spannweite von 2 m aufweisen, verbringen die meiste Zeit in der Luft. Als Aasfresser sieht man sie in Brutkolonien oft verstorbene Jungtiere verspeisen.

Wanderalbatros
Prion Island
Südgeorgien

Ein *Südlicher Riesensturmvogel* frisst eine Pelzrobbe
Prince Olav Harbour
Südgeorgien

Südlicher Riesensturmvogel
Moltke-Hafen
Südgeorgien

Königskormorane
Gold Harbour
Südgeorgien

Weißgesicht-Scheidenschnabel
Moltke-Hafen
Südgeorgien

Eisberg vor dem Drygalski-Fjord
Südgeorgien

Zügelpinguin
Melchior-Inseln
Antarktis

Antarktis

Das erste Mal seinen Fuß auf antarktisches Gebiet zu setzen, ist etwas ganz Besonderes. Umgeben von Eis und Schnee steht man plötzlich inmitten ‚wilder' Tiere, den Pinguinen. Das Angenehme ist, dass die Pinguine sich durch Menschen nicht von ihrem alltäglichen Treiben abbringen lassen. Man wird weitgehend ignoriert. Ganz anders sieht es bei den Seeleoparden aus, wo große Vorsicht angeraten ist.

Wenn man mit dem Schlauchboot zwischen Eisbergen unterwegs ist, kann es passieren, dass plötzlich in unmittelbarer Nähe Wale auftauchen, von denen man sich abschätzend beobachtet fühlt. Das allerdings nicht bösartig, sondern eher milde interessiert. Denkt man an die Geschichte zurück, die den Menschen und diese Tierarten miteinander verbindet, so macht ihr Verhalten beinahe demütig. Gerade Wale und Pinguine hätten allen Grund, den Menschen feindlich gesonnen zu sein, nachdem so viele ihrer Art durch den Menschen abgeschlachtet wurden.

Die Landschaft der Antarktischen Halbinsel mit ihren gletscherbedeckten Bergen, ihren vorgelagerten Inselgruppen, den bizarr geformten Eisbergen und den unglaublichen Massen an Eis und Schnee beeindruckt tief. Es eröffnen sich fantastische Aussichten. Die unvorstellbare Reinheit der Luft ermöglicht Sicht bis ins Unendliche. Das Wasser ist glasklar, und es herrscht atemberaubende Einsamkeit und Stille, es sei denn, man befindet sich gerade in einer lärmenden Pinguinkolonie. Für mich ist der Lemaire-Kanal eine der landschaftlich schönsten Stellen. Markant erheben sich dort die beiden Felsgipfel des Kap Renard, wenn man aus nördlicher Richtung kommt. Doch auch überall sonst finden sich spektakuläre Panoramen, so etwa in Neko Harbour, Paradise Bay, Half Moon Island, Pleneau Bay, um nur einige Orte zu nennen.

Half Moon Island
Antarktis

Melchior-Inseln
Antarktis

Melchior-Inseln
Antarktis

In der Antarktis leben Weddellrobben, Krabbenfresser und Seeleoparden, die ähnlich dem Leoparden ein geflecktes Fell haben. Ihr 3 bis 4 m langer Körper ist stromlinienförmig und verleiht ihnen ein reptilienartiges Aussehen. Seeleoparden sind unheimlich, aber faszinierend, und tragen stets ein süffisant wirkendes Lächeln zur Schau. Bedingt durch ihren Körperbau sind sie schnelle Schwimmer, die bis zu 40 km/h erreichen. Sie fressen Kleintiere und Fische, aber auch Pinguine und andere Robbenarten. Hin und wieder finden sie aber auch Schlauchboote interessant. Während einer Ausfahrt wurde das Boot, in dem ich mich mit Mitreisenden befand, längere Zeit von einem Seeleoparden umkreist. Das hinterließ ein mulmiges Gefühl. Doch während dieser Seeleopard nach einer bangen Weile glücklicherweise abtauchte und verschwand, war ein anderes Schlauchboot von einem Seeleoparden angegriffen und an drei Stellen zerbissen worden. Reisende kamen nicht zu Schaden, aber das Boot war erst einmal unbrauchbar.

Adéliepinguine
Weddellmeer
Antarktis

Weddellrobbe
Half Moon Island, Antarktis

Die nach dem britischen Seefahrer James Weddell benannte Robbe gehört ebenso wie der See-Elefant zur Familie der Hundsrobben. Ihr dunkelgraues Fell ist hell gefleckt. Auf ihrem wuchtigen Körper sitzt ein relativ kleiner Kopf. An Land wirken die Weddellrobben sehr unbeholfen. Sie sind eine bevorzugte Beute von

Eisberg vor Kap Tuxen
Antarktische Halbinsel

Orcas. Anders wirken die kleineren und schlankeren Krabbenfresser, die ebenfalls zur Familie der Hundsrobben zählen. Je nach Jahreszeit wechseln sie ihre Fellfarbe. Die silbergraue Farbe des Sommers hellt zum Winter hin immer mehr auf.

Edinburgh Tower
Half Moon Island, Antarktis

Seeleopard, Pleneau Bay, Antarktis

Die bekanntesten Bewohner der Antarktis sind die Pinguine. Am häufigsten findet man die zur Gattung der Langschwanzpinguine gehörenden Esels-, Zügel- und Adéliepinguine, die ähnlich groß und schwer sind. Für den Namen der Adéliepinguine gibt es zwei Erklärungen. Zum einen heißt es, sie wären nach dem Adélieland, einem Teil des Antarktischen Festlandes, benannt, zum anderen wird vermutet, dass sie nach der Ehefrau ihres Erstbeschreibers Jules Dumont d'Urville ihren Namen erhielten, da die schönen blauen Augen dieser Pinguine ihn an sie erinnert hätten. Letzteres ist ein Irrglaube. Adéliepinguine haben – obwohl häufig behauptet – keine blaue Iris, sondern einen hellen Ring um die Augen, so dass es aussieht, als wären ihre Augen hell. Adéliepinguine sind neben Kaiserpinguinen die einzigen Pinguine, die auf dem Antarktischen Festland leben. Sie ernähren sich ebenso wie alle anderen Arten von Krill, Fisch und Tintenfisch.

Esels- und Zügelpinguine sind auf der Antarktischen Halbinsel und den vorgelagerten Inseln beheimatet. Eselspinguine, ausgezeichnet durch einen auffälligen weißen Fleck über dem Auge und einen roten Schnabel, verdanken ihren Namen dem eselsartigen Geschrei, das sie ausstoßen. Ihre Nester bauen Adélie- und Eselspinguine aus kleinen Steinchen. Dabei wird schon mal das eine oder andere Steinchen aus Nachbars Nest entwendet. Der Zügelpinguin fällt durch einen schwarzen Streifen auf, der entlang der Kehle bis zum hinteren Scheitel verläuft. Anders als der Esels- und Adéliepinguin hat er ein weißes Gesicht.

In der Zeit der Mauser, d.h., wenn sich die jungen Pinguine von den Alttieren lösen müssen, kommt es mitunter zu ergreifenden Szenen. Die Jungtiere, die nicht schwimmfähig sind, solange sie ihr Daunenkleid nicht vollständig abgeworfen haben, suchen verzweifelt nach ihren Eltern, weil sie hungrig sind. Die Elterntiere jedoch versuchen, Abstand von den Jungtieren zu bekommen. Erspäht nun ein hungernder ‚Teenager' seine echten oder auch nur vermeintlichen Eltern, gibt es oftmals wilde Verfolgungsjagden in der Hoffnung auf Nahrung. So sieht man einen erwachsenen Pinguin aus dem Wasser kommen. Ein Jungtier erspäht ihn und läuft schreiend auf ihn zu. Das alte Tier stutzt, macht kehrt und rennt, so schnell es kann, davon. Das Jungtier stürmt hinterher. Solche Szenen kann man vor allem im Februar und März beobachten, wenn für die Pinguine die Zeit des Abschieds vom Antarktischen Festland bevorsteht. Denn für die Wintermonate verlegen sie ihren Lebensraum in den offenen Ozean, vornehmlich in Bereiche, wo sich viel Eis befindet. Die Jungtiere, die die Mauser hinter sich haben, erkunden zunächst kleine Tümpel zwischen dem felsigen Gestein. Dort geht es zu wie in einem Sommerbad. Lautes Geplansche und Geschrei von allen Seiten. In den Monaten davor ist es deutlich ruhiger. Während der Brutzeit ist nichts von Hektik zu spüren, und wenn die Jungtiere geschlüpft sind, ist nur ihr hungriges Fiepen zu hören. Ein besonders schönes Erlebnis hatte ich, als ich inmitten einer Kolonie von Eselspinguinen stand und die ganze Szenerie auf mich wirken lies. Plötzlich zupfte es an meiner Regenhose. Erstaunt blickte ich hinunter und sah einen jungen Eselspinguin, der mit seinem Schnabel an meinem Hosenbein zog. Ob aus Neugier oder aus Hunger, war nicht zu entscheiden. Der kleine Pinguin war überhaupt nicht scheu, und als er noch einen Handschuh in Reichweite sah, probierte er auch diesen.

Ein *Zügelpinguin* springt ins Wasser
Süd-Orkney-Inseln, Antarktis

Zügelpinguin
Whaler's Bay
Deception Island
Antarktis

Eselspinguin
Pleneau Island
Antarktis

Adéliepinguin
Pleneau Island
Antarktis

Zügelpinguine und junger *Eselspinguin*
Useful Island
Antarktis

Adéliepinguine
Laurie Island
Süd-Orkney-Inseln
Antarktis

Zügelpinguin
Laurie Island
Süd-Orkney-Inseln
Antarktis

Eselspinguin im
Pinguin-Trampelpfad
Pleneau Island
Antarktis

Adéliepinguine
Brown Bluff, Antarctic Sound

Eselspinguin beim Nestbau
Neko Harbour, Antarktische Halbinsel

Eselspinguin
Neko Harbour, Antarktische Halbinsel

Adéliepinguine
Brown Bluff, Antarctic Sound

Eselspinguin mit Nachwuchs
Neko Harbour, Antarktische Halbinsel

Eselspinguine
Pleneau Island, Antarktis

Adéliepinguine
Brown Bluff, Antarctic Sound

Eselspinguin mit Nachwuchs
Port Lockroy, Palmerarchipel, Antarktis

Adéliepinguine
Brown Bluff, Antarctic Sound

Eselspinguine
Petermann-Insel
Antarktis

Nebelbogen
Paradise Bay, Antarktische Halbinsel

Useful Island
Antarktis

Neko Harbour
Antarktische Halbinsel

Kap Renard
Lemaire-Kanal
Antarktische Halbinsel

Eselspinguine
Pleneau Island
Antarktis

Südliche Pelzrobbe
Whaler's Bay, Deception Island
Antarktis

Man sieht heute See-Elefanten neben Harpunen liegen, Robben sich auf Bootwracks räkeln und Pinguine neben Kochtöpfen nisten, in denen ihre Vorfahren schmorten.

Südliche Pelzrobbe
Melchior-Inseln
Antarktis

Eisscholle mit ‚Pool'
Süd-Orkney-Inseln
Antarktis

Eisberg vor Kap Tuxen
Antarktische Halbinsel

Eisberg
Pleneau Bay, Antarktis

Seeleopard
Pleneau Bay, Antarktis

Eisscholle mit *Seeleopard, Krabbenfresser* und *Weddellrobbe*
Süd-Orkney-Inseln, Antarktis

Große Raubmöwe
Whaler's Bay, Deception Island
Antarktis

springende *Eselspinguine*
Neko Harbour
Antarktische Halbinsel

Große Raubmöwe
Neko Harbour
Antarktische
Halbinsel

Neptune's Bellows
Deception Island
Antarktis

Buckelwal
Gerlache-Straße
Antarktis

Pleneau Bay
Antarktis

Eisberg in der Abendsonne
Weddellmeer
Antarktis

Das nördliche Polargebiet

Arktis. Diese Bezeichnung für das Gebiet um den Nordpol der Erde ist von griechisch *arktos* abgeleitet. *Mikri arktos* ist der griechische Name für das Sternbild des Kleinen Bären, in dem sich der Polarstern befindet. Das unweit entfernte Sternbild des Großen Bären heißt auf Griechisch *megáli arktos*. Schon im Altertum beobachteten Astronomen den Polarstern, einen hellen Stern, der in der Verlängerung der Erdachse fast genau am nördlichen Himmelspol steht und somit zuverlässig die nördliche Richtung angibt. Die Arktis besteht aus dem Nordpolarmeer und den nördlichen Teilen der angrenzenden Kontinente Nordamerika, Europa und Asien. Früher wurde die südliche Grenze der Arktis durch den Verlauf des Nordpolarkreises bestimmt, der auf 66° 33' nördlicher Breite verläuft. Da das Zentrum der Arktis im Gegensatz zur Antarktis nicht aus zusammenhängendem Festland besteht, sondern aus dem mit Eis bedeckten Nordpolarmeer, variiert seine Größe von Jahr zu Jahr und innerhalb der Jahreszeiten erheblich. Deshalb ist man inzwischen dazu übergegangen, die arktische Region durch die 10°-Juli-Isotherme zu definieren. Durch sie werden alle Regionen zur Arktis zusammengefasst, in denen die Temperaturen im Juli, dem wärmsten Monat des Jahres, unterhalb von 10°C liegen. Die 10°-Juli-Isotherme markiert eine subpolare Zone, die vor allem im Bereich der Ozeane und ihren Inseln bis ca. 50° nördlicher Breite reicht. Zu ihr gehören das Beringmeer mit den Aleuten und den Kommandeurinseln und die nördlichen Bereiche des Atlantiks bis südlich von Grönland. In den Festlandsgebieten verläuft die Linie der 10°-Juli-Isotherme nicht so weit südlich. Während Grönland insgesamt der subpolaren Zone zuzurechnen ist, geht ihre Grenze durch Sibirien, Nordkanada, Alaska, Skandinavien und Island hindurch. Der Grönländische Eisschild ist nach der Eisfläche des Antarktischen Festlandes die zweitgrößte zusammenhängende Eiskappe der Erde. Die drittgrößte, die Austfonna-Eiskappe, befindet sich auf der Nordauslandet-Insel, die zum norwegischen Spitzbergen gehört, das ebenso wie Grönland vollständig zur subpolaren Zone zählt.

Mit der Entdeckung der Arktis sind ebenso wie mit der Erforschung der Antarktis viele illustre Namen verbunden. Zum Teil überschneidet sich sogar das Personal. So mancher Polarforscher, der sich in der Antarktis versuchte, unternahm auch Expeditionen ins Nordpolargebiet. Aus meiner Sicht sind die folgenden besonders erwähnenswert.

1826 gelang es James Clark Ross, der sich unwesentlich später auf die Suche nach dem antarktischen Magnetpol aufmachen sollte, als Erstem bis zu 82° nördlicher Breite vorzudringen. Ein Rekord, der fast 50 Jahre lang nicht gebrochen wurde. In den Jahren 1845 bis 1847 machte sich John Franklin mit den Expeditionsschiffen *HMS Erebus* und *HMS Terror* auf, die 1839 schon bei Ross' Antarktisexpedition zum Einsatz gekommen waren, um die Nordwestpassage zu erkunden. Doch die Franklin-Expedition endete fatal. Franklin und seine Mannschaft verschwanden und blieben verschollen. Jahre später gab es Hinweise darauf, dass die Männer verhungert waren. Auch die österreichisch-ungarische Payer-Weyprecht-Expedition in den Jahren 1872 bis 1874 endete nicht wie erhofft. Ihr ursprüngliches Ziel war der Nachweis eines offenen Polarmeeres. Doch das Expeditionsschiff, die *Admiral Tegetthoff*, wurde vom Packeis eingeschlossen. Zwei Winter verbrachte die Mannschaft auf dem festsitzenden Schiff, das Payer als Ausgangsbasis nahm, um die Inselgruppe zu erforschen, in deren Nähe es gestrandet war. Zu Ehren seines Kaisers nannte er sie Franz-Josef-Land. Schließlich verließ die Mannschaft das Schiff und versuchte den Rückweg. Bis auf ein Expeditionsmitglied überlebten alle den beschwerlichen Weg Richtung Süden. Sie wurden schließlich samt wertvoller Forschungsresultate in ihren Ruderbooten von Fischern vor der russischen Küste aufgegriffen und nach Norwegen gebracht.

Einer der bekanntesten Polarforscher war Fridtjof Nansen. Nachdem er 1888 als erster Mensch das Grönlandbinneneis durchquert hatte, führte er in den Jahren 1893 bis 1896 eine Nordpolarexpedition mit der für diesen Zweck eigens konstruierten *Fram* durch. Ganz bewusst ließ er sich und seine Mannschaft vom Packeis einschließen. Er hatte errechnet, dass das Schiff durch die Eisdrift zum Nordpol gelangen müsste. Nachdem Nansen gemerkt hatte, dass die Drift sie nicht bis zum Nordpol bringen würde, verließ er zusammen mit Fredrik Hjalmar Johansen die *Fram*, um den Nordpol zu Fuß zu erreichen. Beide gelangten bis zu 86° 13,6' nördlicher Breite, bevor sie aufgeben mussten. Da die *Fram* inzwischen weitergedriftet war, blieb den beiden nichts anderes übrig, als sich zu Fuß und mit Hilfe eines kleinen Bootes in Richtung Süden durchzuschlagen. Das Wissen um den Archipel Franz-Josef-Land half ihnen dabei. Auf der Jackson-Insel überwinterten sie in einer selbstgebauten Hütte, bevor sie auf der Northbrook-Insel bei Kap Flora von Frederick George Jackson und seinen Leuten gerettet wurden.

Der Amerikaner Robert E. Peary behauptete, 1909 als Erster den Nordpol erreicht zu haben. Es gibt daran jedoch erhebliche Zweifel. Und Frederick A. Cook bestand darauf, schon ein Jahr zuvor am Nordpol gewesen zu sein, was ebenfalls nicht nachgewiesen werden konnte. Für Amundsen waren diese Behauptungen Anlass genug, seinen Plan aufzugeben, den Nordpol als erster Mensch erreichen zu wollen. Stattdessen erklärte er den Südpol zu seinem Ziel, an dem er bekanntlich beim Wettlauf mit Scott auch als Erster eintraf. Trotz dieses ‚Sieges' im Süden, war Amundsen auch ein sehr erfolgreicher Nordpolarforscher. Er war der Erste, der die Nordwestpassage durchquerte und der Zweite, der die Nordostpassage bezwang. Schon 1878/79 war dies dem Schweden Adolf Erik Nordenskiöld auf der Suche nach einer neuen Handelsroute zwischen Schweden und Sibirien gelungen. Abenteuerlich und für das Gros der Mannschaft desaströs, endete die Nordpolarexpedition der *St. Anna*, die den nördlichen Seeweg von Alexandrowsk (heute Murmansk) nach Wladiwostok erkunden sollte. Das Schiff fror in der Karasee fest. Nur der Erste Offizier, Valerian Iwanowitsch Albanow, und ein weiteres Mannschaftsmitglied überlebten zwei Winter im Packeis und konnten sich retten.

Island – Norwegen
Schwedisch-Lappland

Kormorane
Breiðafjord, Island

Papageitaucher-Kolonie
Heimaey, Westmännerinseln
Island

Breiðafjord, Island

Halsanefshellir, Island

Papageitaucher-Kolonie
Heimaey, Westmännerinseln
Island

Vulkan Grábrók
Borgarfjörður, Island

Eis auf schwarzem
Sand, Jökulsárlón
Island

Gullfoss, Island

Gletscherzunge
Vatnajökull-Nationalpark
Island

Trollfjord, Norwegen

Svartisen-Gletscher, Nordland, Norwegen

Lappland, Schweden

Spitzbergen – Grönland

Finnwal, Nord-Atlantik

Smeerenburgfjord, Spitzbergen

Westküste, Spitzbergen

Küstenseeschwalbe
Spitzbergen

Sehr scheu sind die Küstenseeschwalben, die zwischen Arktis und Antarktis hin- und herfliegen. Die Langstreckenflieger halten sich dadurch sowohl am Nord- als auch am Südpol jeweils nur in den Sommermonaten auf. Sie legen jedes Jahr ca. 90.000 km zurück.

Eisberg
Monacobreen
Spitzbergen

Weißwale
Monacobreen, Spitzbergen

Neben Buckel-, Finn- und Zwergwalen, seltener auch Blau- oder Pottwalen, kann man mitunter auch Weißwale bzw. Belugas sichten.

Eisbärin mit Jungen auf dem Packeis
Nord-Atlantik

Rentiere (folgende Doppelseite: Rentierherde auf Spitzbergen) leben in den Tundra- und Waldgebieten des Nordpolargebietes. Anders als bei anderen Hirscharten, tragen beide Geschlechter Geweihe. Sie haben auffällig breite Hufe und können ihre Zehen abspreizen. Das sichert ihnen eine problemlose Fortbewegung in Matsch, Eis und Schnee und gibt ihnen die Fähigkeit, unter Eis und Schnee verborgene Flechten und Moose freizuscharren.

Nördlicher Sturmvogel
Spitzbergen

Treibeis, Nord-Atlantik

Rødefjord, Grönland

Moschusochse, Rødefjord, Grönland

Eisberg, Rypefjord, Grönland

Eisberg, Rypefjord, Grönland

Ostküste Grönlands

Abendstimmung
Scoresbysund, Grönland

Aleuten – Pribilof-Inseln
Kommandeurinseln

Nördlicher Sturmvogel
Nord-Pazifik

Zum nordamerikanischen Polargebiet gehören das US-amerikanische Alaska sowie das Yukonterritorium und die Nordwestterritorien, die kanadisch sind. In Asien zählen die russischen Gebiete Jakutien, die Tschuktschenhalbinsel und Franz-Josef-Land zum Nordpolargebiet.

Alaska wurde am 3. Januar 1959 zum 49. Bundesstaat der USA erklärt und ist mit ca. 1.718.000 km^2 der flächenmäßig größte Bundesstaat der USA. 1867 kauften die USA dem russischen Zaren Alexander II. Alaska ab. Dieser Deal wurde gemeinhin als „Seward's Folly", als Sewards Dummheit, bezeichnet, denn man ging davon aus, dass der damalige US-Außenminister William H. Seward den Kaufpreis von 7,2 Millionen Dollar ungerechtfertigt für die eisigen, relativ nutzlosen Landstriche akzeptiert hatte. Doch wenig später stellte sich heraus, dass Seward keine Dummheit begangen, sondern einen Glücksgriff getan hatte. Nur fünf Jahre später wurde am Klondike River Gold gefunden, was den großen Goldrausch von Klondike einläutete. 1968 fand man in Alaska Erdöl. Heute stammen ca. 25 % des in den USA geförderten Erdöls aus dieser Region.

Die Aleutenkette und die südöstliche Küste Alaskas sind Teil des sogenannten Pazifischen Feuerrings, einer Region vieler aktiver Vulkane. Im Westen grenzt Alaska an das Beringmeer, in dem sich die Pribilof-Inseln befinden, die beim Verkauf Alaskas ebenfalls die Nationalität wechselten. Im hohen Norden Alaskas leben Eisbären, während im südlichen Teil der subarktischen Region Braun- und Schwarzbären heimisch sind. Seeotter und Polarfüchse sind weitere typische Säuger dieser Gebiete. Unter den vielen Vögeln fällt vor allem das Wappentier der USA, der Weißkopfseeadler auf, der besonders auf den Aleuten in großen Populationen vertreten ist. Vor Alaskas Küste tummeln sich vor allem Buckelwale und Orcas.

Die Inseln der Aleutenkette begrenzen das Beringmeer im südöstlichen Bereich. Da sie zum Pazifischen Feuerring gehören, finden sich hier eindrucksvolle Vulkane. In der Regel ist das Wetter recht neblig, doch ich hatte das Glück, die Vulkaninseln, die sich wie Perlen einer Kette durch den Pazifik ziehen, bei schönstem Sonnenschein zu erleben. Aus so manchem der schneebedeckten Vulkane sieht man ab und zu Rauch aufsteigen. Ein eindrückliches Panorama. Anders als die Kommandeur- oder Pribilof-Inseln sind die Aleuten stärker besiedelt. Auf der Hauptinsel Unalaska Island zeugt die russisch-orthodoxe Kirche in Dutch Harbour von der russischen Vergangenheit.

Die Pribilof-Inseln liegen nördlich der Aleuten im Beringmeer und ähneln den Kommandeurinseln. Sie sind genauso baumlos, aber weniger bergig. Auch hier ist es typischerweise neblig. Die Inselgruppe besteht aus den größeren Inseln St. Paul und St. George und aus drei weiteren kleinen, unbewohnten Inseln. Die dortige Bevölkerung zählt einige hundert Einwohner. Auch in St. Paul fällt dem Reisenden eine relativ große russisch-orthodoxe Kirche ins Auge. Auf den Pribilof-Inseln lebt heute eine große Kolonie Nördlicher Pelzrobben, obwohl diese ebenso wie andere pelztragende Tiere um die Wende vom 19. zum 20. Jahrhundert von Jägern nahezu ausgerottet worden waren.

Die kleine Gruppe der Kommandeurinseln liegt im Nord-Pazifik, gehört zum westlichen Teil des Aleuten-Kommandeur-Inselbogens und bildet den nördlichen Teil des Pazifischen Feuerrings. Hauptinsel ist die Beringinsel, auf der sich mit Nikolskoje die größte Ansiedlung befindet. Verwaltungstechnisch gehören die Kommandeurinseln zu Kamtschatka. Vitus Bering entdeckte 1741 während seiner zweiten Kamtschatkaexpedition die Inseln, die aufgrund ihres vulkanischen Ursprungs recht gebirgig sind. Ihre karge Vegetation und der Bewuchs mit Dünengras sind sehr reizvoll. Es ist immer wieder beeindruckend, unter welch extremen Witterungsverhältnissen Pflanzen und Lebewesen existieren können. Die am häufigsten verbreitete Seevogelart ist die Beringmöwe. Auch Ohrenrobben, Polarfüchse und Seeotter lassen sich hier beobachten. Das wohl beeindruckendste Lebewesen, das man sich hier anschauen kann, ist das komplette Skelett einer Stellerschen Seekuh, einer ehemals im nördlichen Pazifik ansässigen, gigantischen Seekuhart, die bereits im 18. Jahrhundert ausgerottet wurde. Ihr Skelett findet sich in einem kleinen Privatmuseum in Nikolskoje.

Vulkan Shishaldin
Aleuten, Alaska

Weißkopfseeadler
Aleuten, Alaska

Es ist nicht übertrieben: In Dutch Harbour sitzt auf jeder Straßenlaterne ein Weißkopfseeadler. Auch die Häusergiebel werden von diesen stattlichen Vögeln belagert. Was die Taube in unseren Städten, ist der Weißkopfseeadler auf den Aleuten.

Kormoran
Aleuten, Alaska

Gelbschopflund
Aleuten, Alaska

Aleuten, Alaska

springender *Buckelwal*, Kenai-Fjord-Nationalpark, Alaska

Braunbär, Anan Creek, Wrangell, Alaska

Moschusochsen haben das längste Fell von allen Säugetierarten und sind, anders als ihr Name suggeriert, keine Rinder, sondern Verwandte der Ziegen. Sie leben vor allem in Grönland, Kanada und Alaska. Fühlen sie sich bedroht, können sie urplötzlich angreifen.

Moschusochse
Nome, Alaska

Nördliche Pelzrobben
Pribilof-Inseln, Alaska

Auch im nördlichen Polargebiet gibt es zahlreiche Robbenarten. Typische Vertreter aus der Familie der Hundsrobben sind hier der Seehund, die Eismeer-Ringelrobbe, die Sattel- und die Bartrobbe. Die Nördliche Pelzrobbe ist die am häufigsten anzutreffende Art aus der Gruppe der Ohrenrobben.

Stellersche Seerobben
Kenai-Fjord-Nationalpark, Alaska

Besonders reizend sind die Seeotter – vorzügliche Rückenschwimmer von unübertroffener Eleganz.

Seeotter
Unga Island, Aleuten
Alaska

Icy Bay
Chenega-Gletscher
Aleuten

Icy Bay
Chenega-Gletscher
Aleuten

Orcas, Nord-Pazifik

Warum Buckelwale ihren tonnenschweren Körper aus dem Wasser katapultieren (siehe Seite 150/151), weiß man bislang nicht. Kommunikation, Imponiergehabe, Reinigung von Parasiten oder Lebensfreude sind Erklärungsversuche. Einen Buckelwal beim Springen zu beobachten, ist faszinierend. Ich hatte sogar das Glück, einen einzigen über dreißig Mal hintereinander aus dem Wasser springen zu sehen. Ein Bild geballter Lebensenergie. Eine weitere Besonderheit ist, dass Buckelwale mit ihrer Seitenflosse aufs Wasser schlagen, ein vermuteter kommunikativer Akt.

Nicht nur Buckelwale werfen sich in Positur. So habe ich einen Finnwal beobachten können, der sich so auf die Seite gelegt hat, dass man die Kehlfurchen sehen konnte. Seine Seitenflosse hatte er aus dem Wasser gestreckt. Ein unvergesslicher Anblick, da man vom Finnwal in der Regel nur einen kleinen Teil des Rückens zu Gesicht bekommt.

Folgende Seite:
Ein *Finnwal* dreht sich auf den Rücken, Nord-Pazifik

Auch in der nördlichen Hemisphäre, vor allem im nördlichen Pazifikraum, gibt es einige Albatrosarten: den Laysan-, den Schwarzfuß- und den Kurzschwanzalbatros.

Laysanalbatros
Nord-Pazifik

Beringinsel
Kommandeurinseln

Beringmöwen
Kommandeurinseln

Lachmöwe
Kommandeurinseln

Folgende Doppelseite:
Schwanzflosse eines *Buckelwals*

Franz-Josef-Land

Franz-Josef-Land. Das erste Mal kreuzte der Name dieses Archipels meinen Weg, als ich einen Expeditionsbericht über die Arktis las. Er ließ mich stutzen, und ich schaute sofort im Atlas nach, wo dieses geheimnisvolle Land denn liegen könnte. Sein Name ließ mich nicht mehr los und in mir reifte der unwiderstehliche Wunsch, eines Tages den Weg dorthin zu finden. 2016 war es soweit: Die Reise zum Franz-Josef-Land wurde zu einer der beeindruckendsten, die ich jemals unternommen habe.

Der aus 191 Inseln bestehende Archipel Franz-Josef-Land liegt im arktischen Polargebiet und ist die dem Nordpol nächstgelegene Inselgruppe Eurasiens. Mit dem Schiff ist er ca. zwei Tagesreisen von Spitzbergen entfernt. Kap Fligely auf der Rudolf-Insel, der Hauptinsel des Archipels, liegt bei 81° 51' nördlicher Breite und ist damit der nördlichste Punkt der Inselgruppe. Ihre Gesamtfläche entspricht in etwa der Größe der Steiermark oder auch Thüringens. Davon sind ungefähr 85% vergletschert. Höchster Berg der Inselgruppe ist der Peak Parnass (620 m) auf der Wiener-Neustadt-Insel. Obwohl Franz-Josef-Land nur wenig nördlicher liegt als Spitzbergen, ist das Klima hier sehr viel rauer und die Vegetation sehr viel spärlicher. Vereinzelt finden sich kleine Pflanzen wie Polarmohn oder kleinwüchsige Birkenarten, überwiegend gibt es Flechten und Moose. Entgegen aller Erwartungen ist die Fauna in Franz-Josef-Land vielfältig. Vornehmlich leben hier arktische Vögel. Aber auch Säugetiere wie Eisbär, Polarfuchs und verschiedene Robbenarten sind vertreten. Die sommerliche Durchschnittstemperatur beträgt 0° C. Im Winter können die Temperaturen bis auf – 50° C sinken.

Die Inselnamen mit österreichischem Bezug zeugen von der österreichisch-ungarischen Payer-Weyprecht-Expedition, deren Mitglieder hier als Erste einen Fuß an Land gesetzt hatten. Franz-Josef-Land war für viele weitere Expeditionen von Bedeutung: entweder als Sprungbrett zum Nordpol oder als rettender Punkt für in Not geratene Mitglieder missglückter Unternehmungen. Auf der Northbrook-Insel traf 1896 der Brite Frederick George Jackson bei Kap Flora auf einen Mann, der sich als Fridtjof Nansen zu erkennen gab und rettete ihn und seinen Begleiter. Die Mannschaft der *St. Foka*-Expedition verbrachte auf der Hooker-Insel den Winter, nachdem der Expeditionsleiter Georgi Sedow bei dem Versuch, den Nordpol per Hundeschlitten zu erreichen, auf dem Archipel gestorben war. Auf ihrer Rückkehr las die *St. Foka* am Kap Flora die beiden Überlebenden der *St. Anna*-Expedition auf.

Franz-Josef-Land ist nur spärlich bewohnt. Auf Alexandra-Land befindet sich die russische Militärbasis Nagurskoye. Infolgedessen ist Alexandra-Land Sperrgebiet, das ausschließlich von einem kleinen Kreis autorisierter Personen betreten werden darf. Aufgrund besonderer Umstände gab es für mich eine Ausnahme. Als ich das erste Mal nach Franz-Josef-Land fuhr, hatte ich ein wahrhaft abenteuerliches Erlebnis, obwohl die Schiffsreise gegenüber den Expeditionen im 19. und beginnenden 20. Jahrhundert komfortabel war und grandiose Eindrücke, aber kaum völlig unvorhergesehene Abenteuer versprochen hatte. Auf Höhe von Alexandra-Land waren russische

Offiziere an Bord gekommen, um Pässe und Visa für die Einreise ins russische Staatsgebiet zu kontrollieren. Im Anschluss daran wurde ich per Durchsage aufgefordert, mich umgehend an der Rezeption zu melden. Meine Angst, mit meinen Papieren sei etwas nicht in Ordnung, stellte sich schnell als unbegründet heraus. Es gab einen medizinischen Notfall, und die Schiffsärztin benötigte dringend Hilfe. Als Anästhesistin und Notfallmedizinerin war meine Mitarbeit gefragt. Ein Mitreisender hatte ein akutes Problem und wir kamen zu dem Schluss, dass eine Operation unumgänglich war. Da der Erkrankte die zweitägige Rückreise zum nächstgelegenen Krankenhaus in Spitzbergen nicht überleben würde, war die Frage, was getan werden konnte, um ihn zu retten. Es blieb nur die Möglichkeit einer zeitnahen Operation - aber wo und wie durchführen? -, zumal das Schiff selbst dafür nicht ausgerüstet war. Der Kapitän erörterte das Problem mit den russischen Offizieren mit dem Ergebnis, dass es der Schiffsärztin, dem Patienten, einem Dolmetscher und mir erlaubt wurde, mit dem Schlauchboot zur Krankenstation der russischen Militärbasis Nagurskoye überzusetzen. Es gab dort einen Chirurgen, einen Unfallchirurgen, einen Allgemeinmediziner und zwei Sanitäter, mit denen wir das weitere Vorgehen berieten. Nachdem der Chirurg den Patienten untersucht hatte, bestätigte er unsere Einschätzung. Leider gab es auch in dem russischen Hospital kein ausreichendes Equipment für die bei einer solchen Operation benötigten Narkose. Wir mussten also improvisieren und überlegten, wie wir die Operation am schonendsten durchführen konnten. Nachdem es noch eine Weile dauerte, bis alles bereitstand, begannen wir nachts gegen 2:30 Uhr zu operieren, was sich als deutlich komplizierter erwies, als vermutet. Gegen 4 Uhr in der Früh konnten wir erschöpft, aber glücklich davon ausgehen, dass der Patient alles gut überstanden hatte. Er war gerettet. So ein Erlebnis hat man auch als Ärztin nicht jeden Tag. Mit eingeschränkten Hilfsmitteln vernünftige Arbeit zu leisten, war nicht einfach. Außerdem war die ganze Situation surreal. Immer, wenn man in dieser Nacht aus dem Fenster schaute, war es gleich hell. Denn es war Sommer, und wir befanden uns im nördlichen Polarkreis. Der Ort des Geschehens war eine streng bewachte und unzugängliche Militärbasis. Die Verständigung unter den an der Operation Beteiligten war dank Dolmetscher möglich, doch hätte sie in einer zugespitzten Krisensituation keinesfalls ausgereicht. Dennoch bin ich froh über dieses einzigartige Erlebnis. Die Zusammenarbeit mit den russischen Kollegen war ausgesprochen angenehm und konstruktiv.

Auf einigen Inseln des Franz-Josef-Lands gibt es Relikte vergangener Expeditionen. Auf der Hooker-Insel steht an der Buchta Tichaja eine verlassene russische Polarstation, die von 1929 bis 1959 in Betrieb war. Am Kap Flora auf der Northbrook-Insel sind Reste der Expeditionsquartiere von Smith und Jackson zu sehen. Auf der Jackson-Insel sind Spuren der von Nansen und Johansen errichteten Hütte und auf Wilczek-Land Überreste der Wellmann-Expedition von 1898/99 zu finden.

Walrosse
Markham-Straße
Franz-Josef-Land

Walross
Franz-Josef-Land

Die größte Robbenart arktischer Gefilde ist das Walross. Es ist kleiner als der See-Elefant und unterscheidet sich von diesem durch riesige Hauer und einen borstigen Oberlippenbart. Walrosse liegen in der Regel unmittelbar neben einem Atemloch auf dem Eis, in das sie bei Gefahr sofort abtauchen können. Genauso machen es auch andere Robbenarten wie die Ringel- und Bartrobben.

Walross mit Jungtier
Markham-Straße, Franz-Josef-Land

Walrosse
Hayes Island
Franz-Josef-Land

Salisbury Island und Champ Island
Franz-Josef-Land

Eisbär auf einem Eisberg
George-Land
Franz-Josef-Land

Eisbär auf einem Eisberg
George-Land
Franz-Josef-Land

Eisbär auf einem Eisberg
George-Land
Franz-Josef-Land

Eisbär, Nordpolarmeer

Kap Gellera, 2016
Wilczek-Land, Franz-Josef-Land

Typisch für Franz-Josef-Land sind die Tafelberge.

Salisbury Island, 2017
Franz-Josef-Land

Anders als 2016 waren sie 2017 deutlich stärker vergletschert.

Gletscher
Alexandra-Land
Franz-Josef-Land

Dickschnabellumme, Franz-Josef-Land

Nördlicher Sturmvogel, Franz-Josef-Land

Küstenseeschwalbe, Franz-Josef-Land

Dreizehenmöwe, Franz-Josef-Land

Tafeleisberg, Franz-Josef-Land

Eisbärin mit Jungen
Franz-Josef-Land

Eisberg, Franz-Josef-Land

Dreizehenmöwen, Franz-Josef-Land

Dreizehenmöwen, Franz-Josef-Land

Elfenbeinmöwe, Franz-Josef-Land

Eiderenten, Franz-Josef-Land

Coal Mine Island, Franz-Josef-Land

Rudolf-Insel, Franz-Josef-Land

rennender *Eisbär*, Franz-Josef-Land

junger *Eisbär*, Franz-Josef-Land

aufbrechendes Eis, Franz-Josef-Land

Franz-Josef-Land

Polarfuchs

Polarfüchse sind Verwandte der europäischen Rotfüchse, unterscheiden sich von ihnen jedoch in Farbe und Form. Kleinwüchsig, gedrungen und mit deutlich kleineren Ohren sind sie vor Kälteverlust geschützt. Ihr Winterfell ist weiß, das Sommerfell braun-weiß.

Eisbär mit Beute
(wahrscheinlich Walross-Skelett)
Hayes Island, Franz-Josef-Land

Gletscherkante
Kanal zwischen Salisbury
Island und Champ Island
Franz-Josef-Land

Eisbärin mit Jungem
Markham-Straße
Franz-Josef-Land

Eisbär
Alexandra-Land
Franz-Josef-Land

Eisbärin mit Jungem
Markham-Straße
Franz-Josef-Land

schwimmender *Eisbär*
Barentssee

Der König von Franz-Josef-Land ist der Eisbär. Besonders schön ist es, wenn man ihn in seiner natürlichen Umgebung, auf dem Eis und im Wasser, beobachten kann. Das Klima lässt dies allerdings nicht immer zu. So sah ich 2016 Eisbären in blühender Landschaft herumlaufen. Glücklicherweise war es im nächsten Jahr anders: Eis und Schnee bis zum Horizont.

Eisbär in blühender Landschaft
Ziegler-Insel, Franz-Josef-Land

Der Eisbär ist das bekannteste arktische Säuge- und zugleich das größte arktische Landraubtier. Eisbären sind keine reinen Fleisch-, sondern Allesfresser. Ihre bevorzugte Nahrung sind Robben. Sind keine Robben greifbar, fressen Eisbären jedoch auch alles andere, was essbar ist oder essbar erscheint: Vögel und Eier, aber auch menschliche Hinterlassenschaften wie Plastik und Styropor. Eisbären sind gute Schwimmer, die problemlos Entfernungen von mehreren hundert Kilometern bewältigen. Sie haben eine dicke Speckschicht unter ihrem dichten, wasserabweisenden Fell. Auch ihre auffallend kleinen Ohren schützen vor Wärmeverlust. Die Weibchen werfen ein bis zwei Jungtiere, die etwa zwei Jahre beim Muttertier bleiben.

Eisbär
Matilde Island
Franz-Josef-Land

Vogelfelsen
Champ Island, Franz-Josef-Land

Die steilen Felsen, die meist nicht mit Eis bedeckt sind, werden von Tausenden Seevögeln bevölkert. Der bekannteste Vogelfelsen ist der Rubini-Felsen auf der Hooker-Insel, auf dem vor allem Dickschnabellummen, Gryllteisten, Krabbentaucher, Dreizehen-, Gletscher-, Eis- und Elfenbeinmöwen leben. Doch schon allein als Basaltgesteinsformation ist er sehenswert. Auffällig ist, dass es am Fuße aller Vogelfelsen in Franz-Josef-Land eine reiche Grasvegetation gibt. Sie ist dem nährstoffreichen Guano der Vögel geschuldet. Die leuchtend hellgrünen Flecken stechen deutlich aus der von Eis und Schnee oder blankem Fels dominierten Insellandschaft hervor.

gelber arktischer Mohn

Konkretionen oder Sphäroliten
Champ Island, Franz-Josef-Land

weißer arktischer Mohn

Die ‚Steinkugeln' auf Champ Island sind Konkretionen, mineralische Körper, entstanden durch Ausfällung aus wäßriger Lösung oft um organische Reste, etwa von Weichtierschalen, oder Sphäroliten, die entstehen, wenn viele Kristallfasern gleichzeitig von einem Kristallisationskeim ausgehend radialstrahlig wachsen.

Krabbentaucher

Dreizehenmöwen

Seiten 226 - 231:
Rubini-Vogelfelsen
Hooker-Insel, Franz-Josef-Land

Dickschnabellummen

Dickschnabellumme

Gryllteiste

Dickschnabellummen

Dreizehenmöwe

Eismöwe

Krabbentaucher

Walrosse auf einer Eisscholle
Franz-Josef-Land

Krabbentaucher
Franz-Josef-Land

Gryllteiste
Franz-Josef-Land

Unter den Vögeln des Nordpolargebietes ist die Eiderente wegen ihrer Daunen allgemein bekannt, aber auch andere Enten- und Gänsearten sind hier beheimatet. Der Eissturmvogel begleitet gern die Schiffe. Neben Raubmöwen gibt es etliche andere Möwenarten wie die Dreizehen-, Elfenbein-, Eis-, Polar-, Silber- oder die seltene Rosenmöwe. Besonders interessant sind die Küstenseeschwalben, die sich Ende August auf ihre Reise zur Antarktis aufmachen, um im nächsten Frühjahr in die Arktis zurückzukehren. Die auffälligsten Vögel der Arktis sind jedoch die Alkenvögel, insbesondere die Lummen, die bei Start und Landung sehr unbeholfen sind, aber hervorragend schwimmen und tauchen.

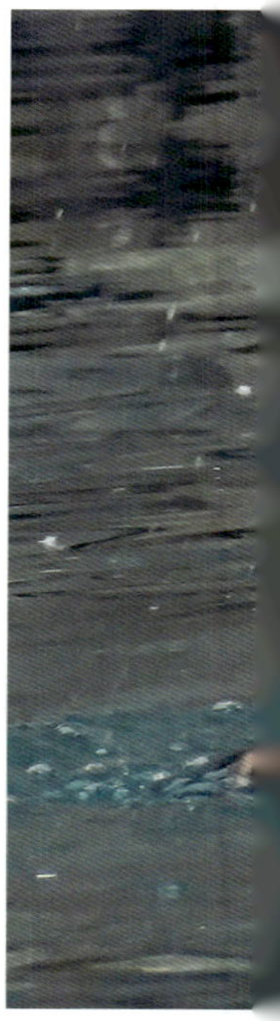

Krabbentaucher
Franz-Josef-Land

Dickschnabellummen

Nordpol

Nordwärts! Vom Eisbrecher hört man nur leises Surren. Trotz seiner Größe ist das Schiff sehr wendig. Begonnen hat die Reise zum Nordpol in Murmansk, Russland. Dort liegt die russische Eismeerflotte, zu der auch der Eisbrecher gehört, der uns zum Nordpol bringen wird. 75.000 PS stark, bahnt er sich den Weg durch das Eis. Die Reise beginnt nach der Ausfahrt aus der Kola-Bucht mit der Fahrt über die Barentssee. Hin und wieder sind einige Vögel zu sehen, noch seltener ein Wal. So ist es dann etwas Besonderes, als in einiger Entfernung Grönlandwale auftauchen, die leider schnell wieder verschwinden.

Kurz vor Franz-Josef-Land endlich das erste Eis und mitten zwischen Treibeis und kleinen Eisbergen der erste Eisbär, der von einer Eisscholle zur nächsten schwimmt. Das Eis wird immer dichter. Der Aufenthalt in Franz-Josef-Land ist kurz, das Ziel der Reise ist ein anderes: 90° Nord – der Nordpol.

Die Erwartung, dass das Eis auf dem Weg zwischen Franz-Josef-Land und dem Nordpol weiterhin immer dichter werden würde, wird nicht erfüllt. Es wirkt sogar so, als würde es dünner. Überhaupt sind die Vorstellungen, die man gemeinhin vom Nordpol hat, nicht ganz richtig. Es gibt hier keine durchgehende Eisdecke, sondern große Eisschollen, die an einer Stelle zusammengepresst werden und an anderer Stelle durch freie Wasserflächen voneinander getrennt sind. Der Eisbrecher bahnt sich ohne Probleme seinen Weg durch das ein bis zwei Meter dicke Eis, dabei ist ein kontinuierliches Vibrieren zu spüren. Nicht unangenehm, aber gewöhnungsbedürftig. Der beste Aufenthaltsort ist vorn in der Back. Hier kann man am besten beobachten, wie das Eis auseinanderbricht und riesige Eisblöcke von der gewaltigen Kraft des Eisbrechers zur Seite geschoben werden. Das Knacken des berstenden Eises ist deutlich vernehmbar. Seine verschiedenen Altersschichten sind klar zu erkennen.

Je näher wir 90° Nord kommen, desto gespannter wird die Atmosphäre an Bord. Als das GPS auf der Brücke die magischen 90° anzeigt, kommt Partystimmung auf. Dabei handelt es sich nur um einen winzigen, aber ganz besonderen Punkt in dieser Eiswelt. Um den Nordpol ist das Eis wieder dichter und bildet eine große zusammenhängende Fläche. Das Erreichen des geographischen Nordpols wird gebührend gefeiert. Für viele Mitreisende ist der Arctic Plunge der Höhepunkt der Reise. Es ist schon ein merkwürdiges Gefühl, am Nordpol ins Wasser zu springen. Das Meer ist über 4.000 m tief. Schaut man von oben, wirkt das Wasser schwarz. Doch das täuscht. Ich habe noch nie so klares Wasser gesehen wie hier. Die Wassertemperatur liegt bei - 1°C. Dennoch: Ein kurzes Abtauchen am Nordpol ist in jeder Hinsicht exzeptionell. 90° Nord. Die Spitze der Welt. Vom Nordpol aus kann es nur noch südwärts gehen.

Nordpolarmeer

eingefrorener Eisberg
Nordpolarmeer

eingefrorener Eisberg
Nordpolarmeer

aufgebrochene Eisdecke
Nordpolarmeer

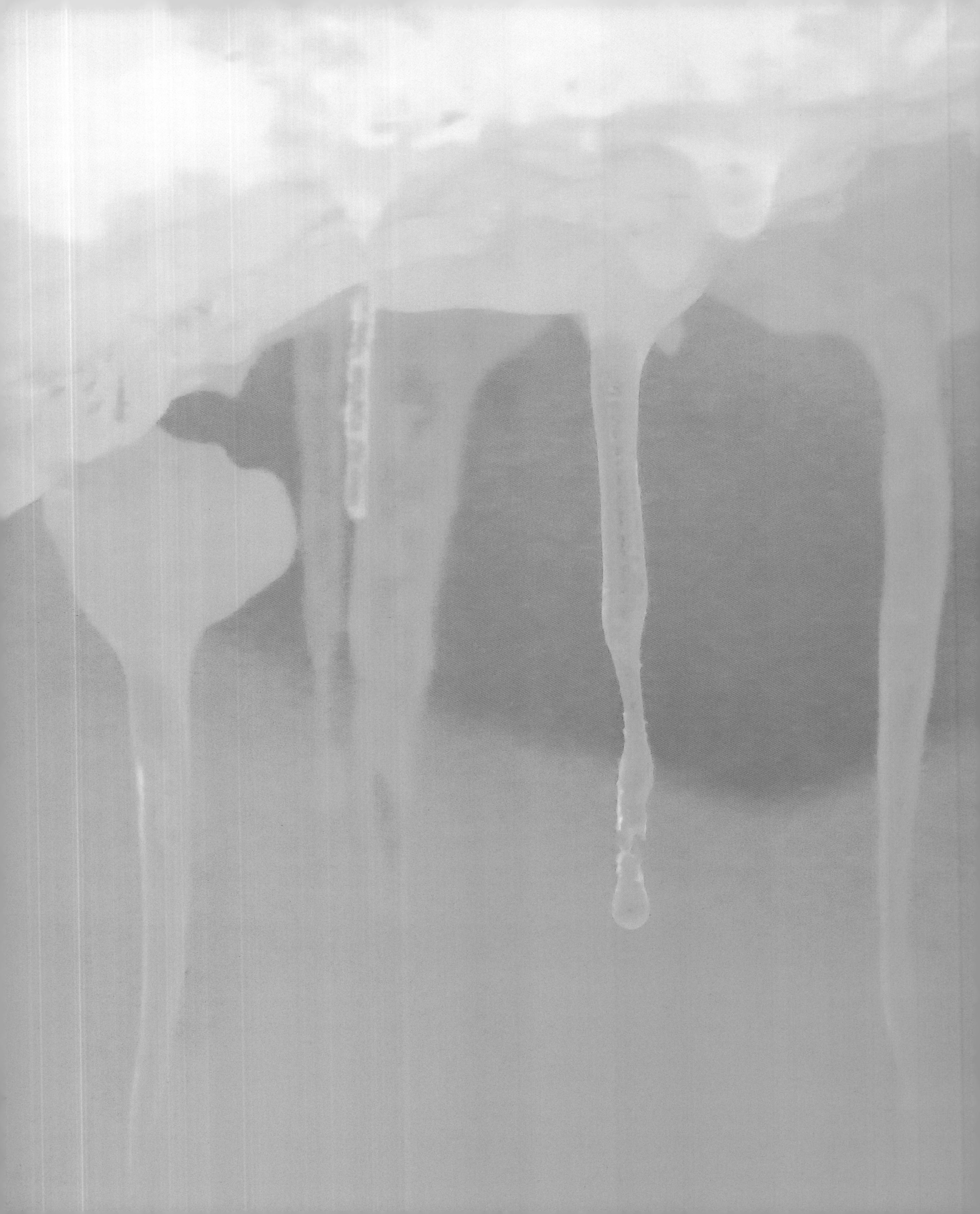

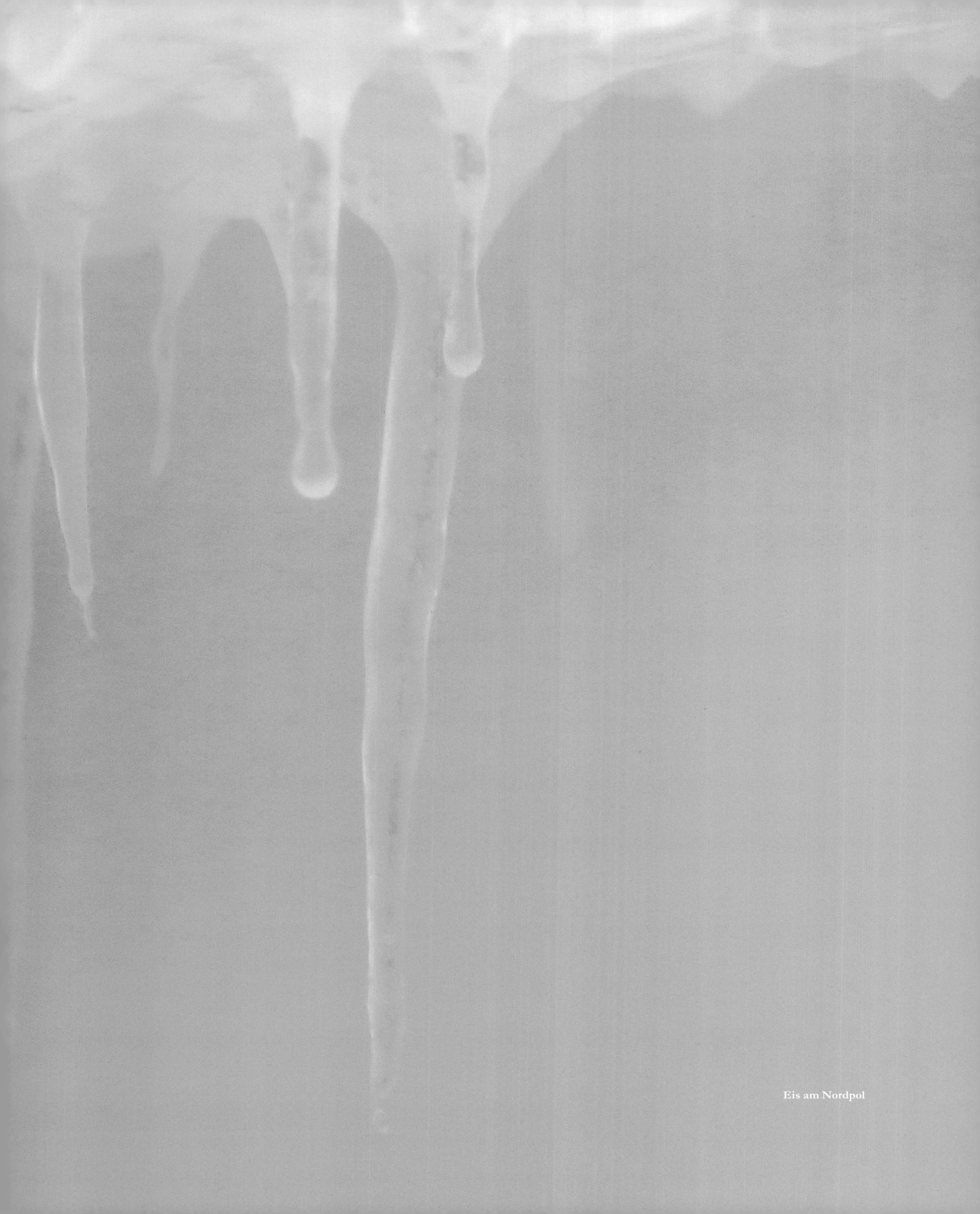

Eis am Nordpol

Eisverwerfungen
Nordpolarmeer

Nordpolarmeer

Eisverwerfungen
Nordpolarmeer

Nebelbogen
Nordpolarmeer

Lektorat / Redaktion
Böhland & Schremmer Verlag

Design / Gestaltung:
Böhland & Schremmer Verlag

Fotos:
©Kerstin Möller

Bildbearbeitung / Bildmontagen:
Gerhard Haug, Berlin

Datenkonvertierung / Satz / Einbandgestaltung:
Böhland & Schremmer Verlag

Gesamtherstellung:
Böhland & Schremmer Verlag

Druck und Bindung:
Ruksaldruck Berlin

Printed in Germany

ISBN 9-78-3943622-25-6

www.boehland-schremmer-verlag.de
info@boehland-schremmer-verlag.de

Bibliografische Information der Deutschen Nationalbibliothek
Die Deutsche Nationalbibliothek verzeichnet diese
Publikation in der Deutschen Nationalbibliografie;
detaillierte bibliografische Daten sind im Internet
über http://dnb.dnb.de abrufbar.

Kerstin Möller – AntArktis. Eiswelt-Perspektiven

Umschlaggestaltung:
Böhland & Schremmer Verlag

Foto Buchdecke und Umschlag:
©Kerstin Möller
Pleneau Bay, Antarktis

Böhland&Schremmer Verlag